BEI GRIN MACHT SICH IHR WISSEN BEZAHLT

- Wir veröffentlichen Ihre Hausarbeit,
  Bachelor- und Masterarbeit

- Ihr eigenes eBook und Buch -
  weltweit in allen wichtigen Shops

- Verdienen Sie an jedem Verkauf

Jetzt bei www.GRIN.com hochladen und kostenlos publizieren

Bibliografische Information der Deutschen Nationalbibliothek:

Die Deutsche Bibliothek verzeichnet diese Publikation in der Deutschen National-
bibliografie; detaillierte bibliografische Daten sind im Internet über http://dnb.d-
nb.de/ abrufbar.

Impressum:

Copyright © 2017 GRIN Verlag
Druck und Bindung: Books on Demand GmbH, Norderstedt Germany
ISBN: 9783668966581

Dieses Buch bei GRIN:

https://www.grin.com/document/489152

Elisabeth Reckerziegel

Digitalisierung im Tourismus. Der Einfluss von Social Media auf touristische Destinationen

GRIN Verlag

GRIN - Your knowledge has value

Der GRIN Verlag publiziert seit 1998 wissenschaftliche Arbeiten von Studenten, Hochschullehrern und anderen Akademikern als eBook und gedrucktes Buch. Die Verlagswebsite www.grin.com ist die ideale Plattform zur Veröffentlichung von Hausarbeiten, Abschlussarbeiten, wissenschaftlichen Aufsätzen, Dissertationen und Fachbüchern.

Besuchen Sie uns im Internet:

http://www.grin.com/

http://www.facebook.com/grincom

http://www.twitter.com/grin_com

Digitalisierung im Tourismus

Der Einfluss von Social Media auf touristische Destinationen

Seminararbeit

Abbildungsverzeichnis

Inhaltsverzeichnis

1. Einleitung

„Information is the lifeblood of tourism"[1]

Seit mehr als 20 Jahren hat sich das World Wide Web mittlerweile in unserer Gesellschaft etabliert und damit auch unsere Kommunikations- und Informationsgewohnheiten grundlegend verändert. Während private oder berufliche Gespräche zuvor persönlich stattfanden, nutzt man heutzutage Smartphones und Apps, Fotoplattformen oder Social-Network-Seiten wie Instagram und Facebook, um sich auszutauschen und Informationen über seine Mitmenschen zu empfangen. Mit einem Klick erhält man zahlreiche Auskünfte zu allen möglichen Wissensfragen und kann auch den Einkauf von zuhause aus einfach und bequem regeln. Während man im Web 1.0 lediglich auf Informationen zugreifen konnte, wurde das Web 2.0 mittlerweile zu einer Art „Mitmach-Web", in dem User ihre eigenen Informationen auch für andere bereitstellen können. Somit hat sich der Internetnutzer regelrecht von einem Konsumenten zu einem Prosumenten weiterentwickelt.[2] Dieses breite Spektrum an Möglichkeiten hat auch die Tourismusbranche seit einiger Zeit für sich erkannt. Diverse Tourismusunternehmen profitieren bereits von den zahlreichen Möglichkeiten des Internets und generieren so ein deutliches Plus an Kunden. Besonders Internetblogs, Social Communitys oder Buchungs- und Bewertungsplattformen orientieren sich an den Bedürfnissen ihrer Kundschaft und steigern ihre Verkaufszahlen somit um ein Vielfaches. Dadurch haben sich nicht nur die Informations- sondern auch Kommunikationsgewohnheiten zwischen den Reisenden und den Reiseanbietern entscheidend gewandelt. Nicht nur vor, sondern auch während des Urlaubs spielen heutzutage Erfahrungen, Fotos und Bewertungen von Nutzern eine wichtige Rolle.[3] Die Potenziale des Web 2.0 werden jedoch noch nicht von allen Urlaubsdestinationen als hilfreich angesehen. Viele Destinationen stehen unter einem virtuellen Druck, obgleich vor allem strukturschwache Regionen die Chancen des Internets für sich nutzen sollten. Ein wichtiges Instrument sind dabei Social Media, welche die Einzigartigkeit und Attraktivität einer Destination einem großen Publikum und auch bestimmten Zielgruppen zugänglich machen können.

Ziel dieser Arbeit ist es, aufgrund theoretischer Ausgangspunkte und dem nachfolgenden Fallbeispiel die Frage zu untersuchen, ob touristische Destinationen den sozialen Medien gegenüber skeptisch bleiben oder diese für ihr Destinationsmarketing zukünftig nutzen sollten.[4]

---

1 BUHALIS, 2008, S.409
2 Vgl. BAUHUBER & HOPFINGER, 2016, S. 11
3 Vgl. YAHOO, 2009
4 Vgl. SCHEFFER, 2015, S. 59

2. Das Web 2.0 im Tourismuskontext

Die Globalisierung der Tourismusindustrie wird stetig vorangetrieben, was wiederum eine Zunahme der Digitalisierung im Tourismus mit sich bringt.[5] Zwar bleibt die persönliche Beratung im Reisebüro zusammen mit der Pauschalreise als Organisationsform nach wie vor die beliebteste Buchungsart, jedoch beobachtet man nun seit einiger Zeit bereits einen Strukturwandel in Bezug auf Unterkunftsanbieter, Einzelbuchungen sowie Internetportale. Dies liegt an der stetigen Zunahme von Onlinebuchungen: Im Jahr 2015 stieg die Zahl der Buchungen im Internet auf 36 Prozent an – 25 Prozent mehr als beispielsweise noch im Jahr 2005. Laut der FUR Reiseanalyse 2016 wird die Mehrheit aller Onlinebuchungen bereits vor 2020 generiert.[6]

Dank des Web 2.0 als Kommunikationsmedium wurde sowohl für Kunden als auch für Unternehmen eine neue Art von Interaktion ermöglicht – dieses Potenzial erkennen inzwischen auch Tourismusanbieter und erneuern ihre Internetseiten folglich rundum. Man weiß die Chancen des Internets zu nutzen und versucht, eine weitaus größere Zielgruppe zu erreichen, indem man nicht mehr nur auf herkömmliche Werbung setzt, sondern Kunden gezielt „an wichtigen Entscheidungen teilhaben"[7] lässt. Die Meinung der Reisenden wird für die Tourismusbranche immer bedeutender und viele Nutzer verlassen sich längst nicht mehr auf möglichst authentische Werbemaßnahmen, sondern holen vermehrt den Rat ihrer sozialen Kontakte ein. Die Touristen entscheiden, welche Sehenswürdigkeiten, Reiseziele, Restaurants, etc. sehenswert sind und besprechen dies mit anderen Freunden oder Bekannten. Dementsprechend ist es besonders für Reiseanbieter von existenzieller Bedeutung, mit ihren Kunden mittels Internet in Kontakt zu treten und die Möglichkeiten des „Tourismus 2.0" zu nutzen.[8]

„Die Nutzung des mobilen Internets wird immer wichtiger für die Reisebranche: Von den 40,5 Mio. Reisenden mit mobilem Internetzugang informieren sich 44% vor der Reise über das mobile Internet, unterwegs sind es 32%. Die Nutzung des mobilen Internet zur Buchung von Reiseleistungen ist im Vergleich zur Information noch nicht so stark ausgeprägt: 15% buchen vor der Reise mobil, 6% unterwegs."[9] (siehe Abbildung 1).

---

5 Vgl. BUHALIS, 2006, S. 59
6 FUR Reiseanalyse, 2016, S.5
7 STRAUB, 2010, S. 30
8 Vgl. ebd., S. 30
9 VIR. Nutzung des mobilen Internet bei Reisen, 2017 (Reiseanalyse FUR)

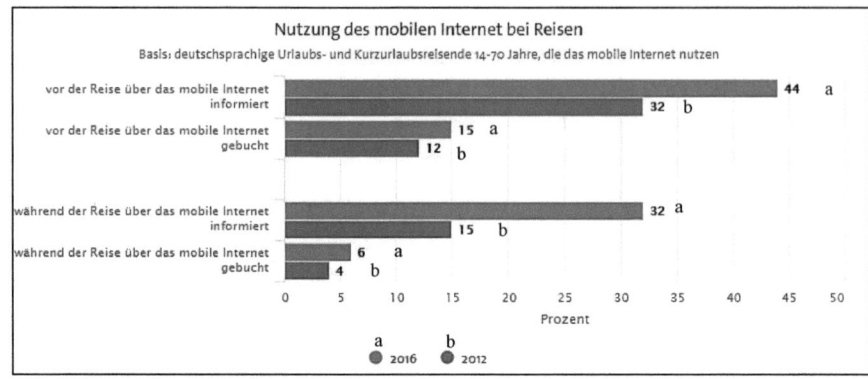

Abb. 1: Nutzung des mobilen Internet bei Reisen. Quelle: Reiseanalyse 2013 und 2017, FUR

3. Die Evolution des Tourismus 2.0

3.1 Herkömmliche Informationsquellen

Um sich über eine Reise zu informieren, kann man unzählig verschiedene Informationsquellen zu Rate ziehen. Zu den traditionellen Quellen gehören dabei sämtliche Informationsmittel, die man vor der Einführung der Neuen Medien nutzte, wie beispielweise Reisebüros, Reisekataloge von Reiseveranstaltern, Reiseführer, Berichte von Verwandten / Bekannten, Werbungen in Zeitschriften und vieles mehr. Diese Informationsquellen sind für viele Teilentscheidungen vor der Urlaubsreise von großer Bedeutung und beeinflussen die Reiseentscheidung als Vermittler zwischen Angebot und Nachfrage nachhaltig. Besonders Berichte von Freunden und Verwandten sind dabei hilfreich, da diese als wesentlich authentischer empfunden werden. Da man das Internet damals nur selten zur Informationssuche im Rahmen der Urlaubsplanung nutzte, spielen die Informationen der Tourismusanbieter eine große Rolle für Touristen.[10] Doch mit der Entwicklung des Internets entstanden viele zusätzliche Informationsquellen, die den Reiseinteressenten kostenlos und ohne größeren Aufwand zur Verfügung stehen und so das Entscheidungsverhalten von Touristen beträchtlich veränderten.[11]

---

10 Vgl. SPRINGFELD, 2009, S.10-13
11 Vgl. WAGNER, 2010, S.136-139

3.2 Entwicklung des Online-Tourismus

Die Zahl der Internetnutzer hat sich in den vergangenen zehn Jahren mehr als vervierfacht. Wir surfen im Internet, kaufen ein, tauschen Informationen aus und vernetzen uns gegenseitig. Man stellt private Reisefotos in Instagram, teilt seinen aktuellen Status auf Facebook mit oder konsumiert Videos auf YouTube. Diese Neuerungen zeigen die Entwicklung der Technologie besonders am Beispiel des Tourismus. Die Digitalisierung hat sich sozusagen „von einem räumlich begrenzten zu einem global wirksamen Phänomen entwickelt"[12]. Neben Reise- und Buchungsplattformen steht der Reisende auch während des Urlaubs meist mit digitalen Medien in Verbindung und kann sich über Reisedetails informieren und im Nachhinein auch das Ganze reflektieren.

Laut Florian Bauhuber und Bastian Hiller (2016) haben die drei Entwicklungen Social Web, Internet und mobile Technologien die Tourismusbranche in zehn Phasen wesentlich gewandelt.[13] Demnach entstanden ab 1999 mit der Gründung von HolidayCheck und Tripadvisor die ersten Reise-Bewertungsportale, welche touristische Dienstleistungen an einem digitalen Ort ermöglichten und damit auch Buchungsinformationen aus Gastperspektive anboten. So könnte man hier beispielsweise von einer „elektronischen Mund-zu-Mund-Kommunikation im Reiseentscheidungsprozess"[14] sprechen. Durch diese Entwicklung haben sich folglich auch Reiseentscheidungen grundlegend verändert.

Ab dem Jahr 2001 entstanden daraufhin sogenannte **digitale Content-Plattformen**. Mit dem Ausbau der Bandbreiten konnte man von diesem Zeitpunkt an Videos und Bilder deutlich schneller und einfacher versenden und online stellen. Dabei entstanden gleichzeitig Foto- und Videoplattformen wie Flickr, Twitpic oder Instagram, die nach wie vor trotz steigender Konkurrenz weiter wachsen und von vielen für die Weitergabe von Reiseerlebnissen genutzt werden. Mit der Einführung der beliebten Content-Plattform YouTube war es nach 2005 für viele Internetnutzer möglich, sich für den nächsten Urlaub inspirieren zu lassen und ihre virtuellen Urlaubseindrücke mit anderen zu teilen.[15] Es entstanden moderne, „imaginative Geographien von Reisezielen [...] abseits der Hoheit klassischer Medien wie Reiseführer, Hotelkataloge und Imagebroschüren"[16]. Diese neue digitale Massenware steht mittlerweile sowohl Touristen als auch Tourismusanbietern zur Verfügung und wird mit steigender Tendenz verwendet.

---

[12] BAUHUBER & HILLER, 2016, S.11
[13] Vgl. ebd., S.12
[14] BAUHUBER & HILLER, 2016, S. 14
[15] Vgl. ebd., S.14
[16] Ebd., S. 15

Nachdem im Jahr 2003 MySpace startete, kamen auch die **sozialen Netzwerke** auf. Diese bestanden zwar bereits in beschränktem Umfang (zum Beispiel Geocities ab 1994), doch erst mit der Plattform Facebook begann ein Jahr später eine neue Ära des Social Networking. Nun konnten Nutzer weltweit ihre Reiseerlebnisse mit Freunden und Bekannten austauschen und auch touristische Leistungsträger nutzten diesen Weg, um ihre Angebote und Leistungen an den Mann zu bringen. Generell stellt der Punkt Reisen ein zentrales Element im Onlineverhalten von Facebook-Nutzern dar. Des Weiteren erlebten digitale Reiseportale wie Expedia oder Ab-in-den-Urlaub seit 2007 ihre Hochphase.[17] Demnach werden inzwischen „jede zweite Reise und rund ein Drittel aller Pauschalreisen online gebucht"[18] und auch Smartphones spielen eine wichtige Rolle bei der Recherche der Urlaubsinformationen.[19] Diese Entwicklung hat jedoch gleichzeitig negative Konsequenzen für Reisebüros im realen Raum.

Ab 2008 war es für viele digitale „Reiseakteure" möglich, sich weiter zu vernetzen und auch fremde Inhalte auf der eigenen Homepage einfach zu integrieren.[20] Durch diese vermehrte Verteilung von Informationen konnte man nun Inhalte und Identitäten auf verschiedenen Plattformen virtuell zentralisieren und touristischen Akteuren war es damit möglich, soziale Daten von Netzwerken wie Facebook an externe Buchungsportale wie Tripadvisor weiterzuleiten. Dadurch erreichte man eine deutlich höhere persönliche Kundenansprache und konnte das Angebot ebenfalls auf einzelne Zielgruppen anpassen. Um diese Inhalte nicht mehr manuell zu pflegen, entstanden wiederum sogenannte Content-Distributionslösungen für soziale Netzwerke und Plattformen, die sich um die Vielzahl von touristischen Webseiten kümmern.

Mit der Zusammenführung von eigenen Inhalten und Themen aus dem Internet erzielte man ab 2011 eine **Verschmelzung von Webseiten und Identitäten.** Auf speziellen Plattformen, touristischen Webseiten oder Reiseportalen werden den Internetnutzern so eigens generierte neben fremden Inhalten präsentiert, wodurch ein großer Mix aus verschiedenen Kombinationen von Wissen entsteht. Dadurch verbinden sich die Grenzen zwischen privater und beruflicher Nutzung der touristischen Plattformen miteinander.

Seit 2012 spielten auch die beiden Bereiche **Geo-Targeting und Mobilisierung** eine große Rolle im Tourismus 2.0. Dank des Smartphones kann man soziale Informationen beispielsweise per GPS-Empfänger in einen räumlichen Kontext stellen und somit als Reisender sozial und

---

[17] Vgl. ebd., S.15
[18] TUI & Google, 2016, S.1
[19] Vgl. ebd., S.1
[20] Vgl. BAUHUBER & HILLER, 2016, S. 15

räumlich gesonderte Informationen empfangen, die man während des Aufenthalts in einer touristischen Destination nutzen kann. Zudem ist es für den „moderne Tourist" möglich, zu jeder Zeit und an jedem Ort touristische Dienstleistungen zu suchen und zu bewerten. Daher kann man heutzutage seine Reiseerlebnisse jederzeit über soziale Netzwerke mit Freunden teilen, sich auf Reiseforen über Sehenswürdigkeiten informieren, seine Erfahrungen öffentlich über Blogs oder Bewertungsplattformen weitergeben und sämtliche touristische Inhalte geographisch über das sogenannte Geotagging verorten.[21]

Ein weiterer Aspekt der Digitalisierung im Tourismus ist die **Virtualisierung der Realität**. Im Jahr 2013 wurde das virtuelle Reisen, das zuvor lediglich als Wunschtraum angesehen wurde, für viele Realität. Mit der Entwicklerversion „Oculus Rift" und dem Verkauf sogenannter Head-Mounted Displays erfuhr das virtuelle Reisen einen beachtlichen Fortschritt. Auf Basis dieser besonders kostengünstigen Anwendungen stellten auch große Player wie Lufthansa, Thomas Cook oder Marriott die Technologie auf Messen oder in Reisebüros zur Verfügung, um ihren Kunden bereits vor der Reise ein möglichst reales Abbild ihrer Leistungen zu präsentieren. Durch das Angebot von Virtual-Reality Headsets, die mit Smartphones kombiniert werden können, erschloss man auch den Endkunden-Massenmarkt und bewirbt dies vor allem in der Spieleindustrie. Dadurch gab man auch dem virtuellen Reisen einen bedeutenden Impuls.

Ab 2014 begann daraufhin die Blütezeit der erweiterten Realität – auch **„Augmented Reality"** genannt. Dabei werden der realen Wahrnehmung digitale Inhalte beigefügt. Diese neue Realität nutzt auch die Tourismusbranche gewinnbringend für sich. Beispielsweise wurde es durch die Einführung der Google Glass Brille möglich, Informationen wie etwa Sehenswürdigkeiten einer Stadt oder die Navigation entlang einer Reiseroute vor Augen geführt zu bekommen. Da die Brille über eine Kamera sowie eine Audiosteuerung verfügt, kann man zusätzlich Fotos und Videos aus dem individuellen Blickwinkel der Person aufnehmen. Damit wird vor allem das direkte Erleben einer Reise, aber auch die Nacherzählung dessen, zunehmend digitalisiert. Da hierbei jedoch das Thema Datenschutz ein großes Problem darstellt, wurde die Google Brille mittlerweile vom Markt genommen. Dies hält jedoch andere Konzerne nicht davon ab, ähnliche Innovationen weiterzuentwickeln. Hierbei erweckte besonders die mediale Aufmerksamkeit der Google Brille ein großes Interesse am Thema Augmented Reality.

---

[21] Vgl. BAUHUBER & HILLER, 2016, S.16-17

Beispielsweise bieten Tourismusakteure des Skigebiets Schladming-Dachstein mit ihrer Datenbrille RideOn ein Medium, mit dem man einfach und bequem verschiedenste Informationen zum Skigebiet aufrufen kann (Wetter, Navigation, Wartezeiten).

Zwar ist diese technische Innovation nicht grundsätzlich neuartig, jedoch zeigen die jüngsten Neuerung, dass das Thema Virtual und Augmented Reality auch in Zukunft ein wesentlicher Bestandteil der touristischen Praxis sein werden und unsere räumliche Wahrnehmung grundlegend verändern wird.[22] Mittlerweile spricht man also von einem „Tourismus 2.0", eine mit Reiseplanungstools vernetzte Online Tourismuswelt, in der sich Reisende gegenseitig beraten und austauschen können. Neben interaktiven Kartenwerken, Preisvergleichsmöglichkeiten und Bewertungsplattformen informiert man sich heutzutage über „online Reisen-Communities, Reise-Weblogs, Wikis oder Diskussions- und Informationsforen zum Thema Reisen".[23]

3.3 Der „Neue Tourist"

Mit den zunehmenden Möglichkeiten des Internets haben sich auch die Ansprüche der „digitalen Touristen" erheblich verändert. Anstelle von herkömmlichen gedruckten Reiseführern vertraut man nun Bewertungsportalen und Webblogs, in denen man Reisetipps, Informationen zu sämtlichen Eigenschaften einer Destination und zum Thema Vor- oder Nachteile der Logis erhält. Mit dem Wachstum der Plattformen wie Booking.com oder HolidayCheck hat man außerdem mittlerweile kostenlosen Zugang zu mehr als einer Mio. Hotelbewertungen und kann seine komplette Reise bequem von zu Hause aus buchen. Gästefotos bestärken zusätzlich die Authentizität der Bewertungen. Wer weitere Informationen zur Destination erhalten möchte, kann sich diverser Kartendienste wie etwa OpenStreetView, Google Maps, o.Ä. bedienen und sich so anhand topographischer Karten sowie aktueller Satellitenbilder ein detailgetreues Bild der Örtlichkeit beschaffen. Auch durch 360° Panoramabilder, virtuelle Rundgänge und Live-Webcams erfährt der moderne Tourist eine erweiterte Perspektive der Region aus geographischer Ferne. Besonders mit dem Aufkommen der sozialen Netzwerke bietet das Internet weitere Möglichkeiten für verschiedene Zielgruppen, um sich über Erfahrungen zum Thema Urlaub und Reisen auszutauschen. Dank neuer Funktionen wie der Ortung des Reisenden über GPS-Signale und der „augmented reality" verleiht auch das mobile Internet dem neuen Tourismus starken Auftrieb und bietet dem Kunden Optionen, die so in der realen Welt nicht möglich wären.[24]

---

[22] Vgl. BAUHUBER & HILLER, 2016, S. 17
[23] SPRINGFELD, 2009, S.6f.
[24] Vgl. SCHEFFER, 2015, S. 59

Dies hat zur Folge, dass der Reisende nun das Angebot bestimmt und sich nicht mehr als Durchschnittstourist, sondern Individualreisender sieht. Durch vielzählige Möglichkeiten und kostengünstige Angebote wie zum Beispiel Billigflüge wird der Tourismussektor immer differenzierter und die Kundenwünsche immer exotischer. Zum einen werden günstige Angebote nachgefragt, zum anderen wünscht sich der Tourist ein hohes Maß an Qualität und Service. Positive Eindrücke, aber auch Beanstandungen werden unverzüglich auf Bewertungsportalen niedergeschrieben. Jeder Tourist möchte seine eigene einzigartige Reise erleben und spontan entscheiden, an welchen Ort es ihn als nächstes verschlägt - dies alles, um sich teils auch in sozialen Netzwerken zu profilieren und sich so von anderen abzugrenzen. Der neue Tourist ist mit der Digitalisierung des Tourismus somit wesentlich anspruchsvoller geworden, was für die Tourismusanbieter wiederum bedeutet, dass man diesen Ansprüchen im Internet auch nach- und eventueller negativer Mundpropaganda schnell entgegenkommen muss.[25] „Tourismus 2.0 bedeutet für Tourismusunternehmen, diese Gespräche wahrzunehmen und entweder passiv zuzuhören oder sich mit aktiven Beiträgen daran zu beteiligen."[26]

Dass vor allem soziale Medien für den neuen Tourismus eine wichtige Rolle spielen, wird im folgenden Kapitel erläutert. Aufgrund der Vielfalt an Social Media Kanälen werden dabei im Besonderen soziale Netzwerke sowie Online Reise-Communities in den Fokus genommen.

4. Social Media im Tourismus

4.1 Begriffsbestimmung Social Media

Das Bedürfnis der Menschen, miteinander zu kommunizieren, wurde dank des Web 2.0 rundum erneuert. Social Media ist nun der neue Trend im Bereich Kommunikation und wird bereits von Mio. Menschen weltweit genutzt. Unter Social Media versteht man eigens von Internetnutzern erstellte Beiträge, die in Form von Bildern, Texten, Audio oder Videos einer sozialen Internetgemeinschaft zur Verfügung gestellt werden.[27] Durch solche digitalen Sammelplätze, die momentan ein rasantes Wachstum erleben, ist es einzelnen Nutzern einer oder mehrerer Zielgruppen mit ähnlichen Interessen möglich, sich zu einem Thema auszutauschen und sich näher kennen zu lernen. Die Mitglieder produzieren dabei ihre eigenen Inhalte (engl.: User Generated Content).[28] Infolgedessen zählen Wikis, soziale Netzwerke, Online Communities,

---

[25] Vgl. ADJOURI & BÜTTNER, 2008, S. 265
[26] SPRINGFELD, 2009, S. 7
[27] Vgl. SCHMIDT, 2012, S. 3
[28] Vgl. HILLMANN, 2010, S. 18

Blogs und Bewertungsportale zu Social Media. Zu den relevantesten Social Media Kanälen gehören beispielsweise Facebook, Twitter, Flickr, Instagram oder Snapchat.

Social Media User kommunizieren in der Regel in sogenannten Social Communities miteinander. Dies wiederum sind soziale Gemeinschaften im Internet, die beispielsweise wie ein Verein funktionieren. „Diese Gruppen bilden sich zwar online, folgen aber annähernd Prinzipien wie soziale Gemeinschaften in der Realität"[29].

Die Tatsache, dass soziale Medien mittlerweile touristische Inhalte verbreiten, nutzt auch die Reisebranche nun seit mehreren Jahren. Besonders für bekannte touristische Destinationen bieten diese Kanäle wesentliche Chancen, aber auch Risiken.[30]

4.2 Der Einfluss sozialer Netzwerke und Reise-Communities auf den Tourismus
Soziale Netzwerke werden im Internet als spezielle Plattformen angesehen, welche bestimmten Personengruppen für private oder berufliche Zwecke zur Verfügung stehen, um Kontakte und individuelle Interessen zu pflegen. Indem man ein eigenes Nutzerprofil anlegt, ist es ein Leichtes sich mit Bekannten und Freunden zu vernetzen, eigene Inhalte hochzuladen und sich zu präsentieren.[31]

Diese Vorteile kann man auch auf den Tourismus anwenden. Hierbei nimmt vor allem Facebook eine Vorreiterrolle ein. Pro Tag verzeichnet das soziale Netzwerk rund 200.000 neue Nutzer und wächst stetig weiter. Nicht nur junge Studenten, sondern auch ältere Menschen halten sich mittlerweile immer häufiger in Facebook auf. Dies bedeutet, dass das Netzwerk heute verschiedenste Zielgruppen anspricht. Aufgrund dessen ist Facebook nun auch für den Tourismus von großer Bedeutung. Da das soziale Netzwerk eine Vielzahl an Marketingmöglichkeiten bietet und auf das Instrument der Mund-zu-Mund-Propaganda setzt, können Tourismusunternehmen und Destinationen dieses virale Marketing nutzen, um bei den Facebook-Usern ein positives Image aufzubauen. Da immer mehr Personen sich einen Facebook-Account zulegen, ist es für Tourismusakteure notwendig, hier potenzielle Kunden anzulocken. Ferner ist es sinnvoll, sich durch „Empfehlungen von ‚Freunden' besonders zur Vermarktung touristischer Leistungen"[32] zu präsentieren. Durch diese Gelegenheit können Tourismusanbieter durchaus die Aufmerksamkeit einer breiten Masse einholen.[33]

---

[29] SCHLITZKUS, 2010, S. 20
[30] Vgl. ebd., S. 20f.
[31] Vgl. STRAUB, 2010, S. 38
[32] Ebd., S. 41f.
[33] Vgl. ebd., S. 40-42; WAGNER, 2010, S. 147f.

Mittels sogenannter Facebook-Applikationen wie zum Beispiel „Cities I've Visited" (TripAdvisor) oder „Where I've been" (von Craig Ulliot) können Nutzer darstellen, an welchen Orten sie bereits waren oder wohin sie in Zukunft reisen möchten. Durch diese Informationen ist es Tourismusanbietern möglich, das Reiseverhalten der Nutzer zu analysieren.[34] Des Weiteren gibt es Länder, die solche Applikationen für das Destinationsmarketing anwenden. Beispielsweise stellen die Philippinen seit 2009 über dieses Instrument Videos, Fotos, News und Tags zum Thema Tourismus online zur Verfügung.[35]

> *„Aus diesem Grund ist Facebook eine der besten Plattformen, die touristische Leistungsträger ihren Kunden zum Austausch bieten können. Die Beiträge sind durch die hohe Aktivität von Facebook sehr aktuell und durch die emotionale Komponente des Tourismus, ist die Chance hoch, dass Beiträge, Fotos oder Videos miteinander geteilt und kommentiert werden. Facebook ist demnach ideal zur Kundenbindung geeignet, da die positiven Emotionen der Konsumenten auf den Anbieter übertragen werden können."[36]*

Neben herkömmlichen sozialen Netzwerken wie Facebook gibt es inzwischen auch diverse Communities, die sich auf spezifische Themengebiete spezialisiert haben, darunter beispielsweise Online Reise-Communities. Hier tauscht man seine Reiseerfahrungen mit anderen aus, gibt sowohl positive als auch negative Eindrücke wieder und spricht Empfehlungen aus. Diese werden in diesen Foren wiederum diskutiert. Zudem bieten solche Communities mittlerweile weitere Optionen wie etwa Fotos, Videos, Hotel- und Restaurantbewertungen sowie Reiseberichte an. Klassische Chats, in denen man sich in Echtzeit miteinander austauschen kann, gehören ebenfalls zu dem breiten Spektrum an Angeboten dieser Reise-Communities.[37] „Damit beraten sich die Reisenden gegenseitig".[38] Zu den wohl bekanntesten touristischen Communities gehören zum Beispiel „Globalzoo", „TripWolf", „Lonely Planet Thorn Tree", „TripAdvisor", oder die „Geo-Reisecommunity".[39]

Allgemein ist es heutzutage notwendig, dass sich Destinationen durch Social Media Kanäle im Internet anpreisen und ihre Sehenswürdigkeiten, Hotels, Restaurants und vieles mehr auf diesen Foren darstellen, um attraktiv zu bleiben. Somit ist Social Media mittlerweile zu einem wichtigen Instrument im Destinationsmarketing geworden.[40]

---

[34] Vgl. STRAUB, 2010, S. 43
[35] Vgl. ebd., S. 44; vgl. Kratel, 2012
[36] SCHMIDT, 2012, S.14
[37] Vgl. HILLMANN, 2010, S. 33
[38] SPRINGFELD, 2009, S. 27
[39] Vgl. PEER, 2008, S.77; HILLMANN, 2010, S. 34f
[40] Vgl. OZTURK, et al. in: SIGALA, 2017, S. 92

4.3 Destinationsmarketing durch Social Media

Soziale Medien spielen besonders in den Bereichen Weitergabe und Nachbereitung eine bedeutende Rolle. Einer Facebook-Studie zufolge geht es in 42% aller Inhalte des Social Networks um das Thema Reisen. Nicht nur Facebook, sondern auch andere Social Media Kanäle wie Instagram, YouTube und unzählige Blogs veröffentlichen Beiträge in Form von Videos, Fotos oder Texten zu Urlaubsreisen o. Ä. Dadurch wird der Kreislauf der sogenannten Customer Journey wieder geschlossen. Der eine bereitet seine Reise auf diesen Plattformen nach, während der andere wiederum davon inspiriert wird. Diese neue Art von Tourismus dient jedoch nicht nur dem Touristen selbst, sondern auch Tourismusdestinationen.[41]

Unter dem Begriff Destinationsmarketing wird „das Dienstleistungs-Marketing touristischer Produkte verstanden".[42] Dabei versucht man, als Anbieter touristischer Leistungen, sich in den Kunden hineinzuversetzen und dadurch neue Ideen aufzugreifen. Diese Ideen werden wiederum in die Vermarktung, Marktforschung, Öffentlichkeitsarbeit und den Aufbau des Images einer Destination integriert. Besonders das Image spielt im Destinationsmarketing eine wichtige Rolle. Je positiver das Bild einer touristischen Destination dargestellt wird, desto populärer wird sie für Reisende. Die Tatsache, dass man eine Region oder einen Ort durch Social Media für eine breite Masse zugänglich machen kann, ist in Zeiten des Web 2.0 dementsprechend naheliegend. Durch Social Media kann das Image einer Destination nicht nur

---

[41] Vgl. FRAUNHOFER IML, 2016, S. 25
[42] HILLMANN, 2010, S. 26

neu positioniert, sondern notfalls auch korrigiert werden.[43] Mit Twitter ist es beispielsweise einfach, segmentübergreifend eine große Zahl an verschiedenen Zielgruppen zu erreichen.

Auch „Social-Networks können als Marketinginstrument genutzt werden".[44] Durch soziale Netzwerke werden Emotionen geweckt, und der Tourist kann gegenüber anderen Kulturen oder Urlaubsländern Sympathie entwickeln. Man begeistert sich für ein Land oder eine Region, teilt dies seinen Freunden mit, wiederum im besten Fall dieselbe Begeisterung entwickeln.[45] Laut Julia Behrens (2012) können durch Social Media besonders Freizeittouristen als Kunden angesprochen und generiert werden. Zum einen kann Social Media beispielsweise zur internen Vernetzung eines Tourismusanbieters beitragen und die Zusammenarbeit mit Leistungsträgern der Tourismusdestination fördern. Zum anderen kann man durch Fotos und Videos authentische Einblicke in die verschiedenen Angebote des Ortes oder der Region geben, die Kultur nach außen vermitteln und digitale Kommunikationsplattformen nutzen, um durch kostenlose, frei zugängliche und vor allem transparente Inhalte das Tourismusbewusstsein der Destination zu stärken. „So kann den oftmals vorhandenen Herausforderungen, wie einem starken Konkurrenzdenken der Leistungsträger untereinander oder einer fehlenden Vernetzung proaktiv begegnet werden".[46]

Mittels vernetzter und spontaner Kommunikation wird in Zeiten des Web 2.0 konstant neues Wissen generiert man schafft durch den Reizüberfluss bei potentiellen Gästen eine neue Art von Sehnsucht nach Orientierung. Aufgrund dessen ist es wichtig, das Internet in das Tourismus- oder Destinationsmarketing einzubauen und damit auf vielfältige Weise Emotionen zu erwecken. Es braucht „vertrauensvolle Kuratoren, die in der digitalen Kommunikation Relevantes für die Urlaubsplanung initiieren, identifizieren, herausfiltern und präsentieren".[47] Diese Aufgabe wird teils bereits durch eigene soziale Netzwerke übernommen, aber besonders durch Social Media.

4.3.1 Chancen und Möglichkeiten von Social Media im Tourismus

Durch Social Media Plattformen verfügt man über die Möglichkeit, Reisende und vor allem neue Zielgruppen über Blogs, etc. direkt anzusprechen. Außerdem lassen sich verschiedene Plattformen in die eigene Online-Strategie einbinden. Des Weiteren dient das Internet im Tourismus zum einen der Ressourcenplanung, um Zuständigkeiten festzulegen (z.B. Personal) und zum anderen bestechen gut durchdachte Beiträge durch ihre Emotionalität und

---

[43] Vgl. ebd., S.26-28
[44] HERING, 2010, S.8
[45] HILLMANN, 2010., S. 28
[46] BEHRENS, 2012, S. 52-53
[47] LANNER in JOSS, 2011, S. 262

Einzigartigkeit, aber auch durch ihren Inhalt. Allgemein sind sowohl Einheitlichkeit als auch Wiedererkennungswert ausschlaggebend für eine gelungene Kundenansprache. Durch aktuelle Posts sowie eine kurze Reaktionsdauer auf Kommentare oder Nachrichten der Touristen ist es zudem möglich, seine Authentizität und Glaubwürdigkeit zu erhöhen und man kann auf Lob und Kritik zügig reagieren.[48] Zusätzlich sind Social Media in den meisten Fällen wesentlich kostensparender als herkömmliche Werbemittel und das Einfügen eines Beitrags benötigt keinen großen Aufwand. Außerdem ist die Erreichbarkeit von Nutzern über das Internet deutlich höher.[49] Zusammenfassend kann man durch eine bewusste Planung der Social Media Auftritte in einer Destination dem Konsumenten nicht nur eine breitere, individuell angepasste Auswahl an Informationen und Möglichkeiten geben, sondern inspiriert potentielle Kunden und erleichtert diesen damit auch ihre Buchungsentscheidung. Dadurch erreicht man eine gezielt positive Präsentation des Raumes bzw. der Destination. In der heutigen Zeit werden soziale Medien nicht nur als hilfreich empfunden, sondern vor allem von der jüngeren Generation vorausgesetzt und wurden daher auch zu einem wichtigen Bestandteil des Destinations- bzw. Tourismusmarketings.[50]

4.3.2 Nachteile: Der virtuelle Druck

Ohne Zweifel ist das Web 2.0 mit seinen innovativen Interaktionen so gefragt wie noch nie. Jedoch bedeutet dies gleichzeitig für Tourismusanbieter, permanent präsent zu sein. Veröffentlichte Inhalte müssen regelmäßig aktualisiert werden, um die Internetnutzer über Neuigkeiten und Änderungen zu informieren. Dies ist für viele Unternehmen ein großer Aufwand, da man die Qualität der Beträge, sei es bei einem Videoblog oder einem Facebook-Account, durchwegs beibehalten sollte. Zudem ist es wichtig, mit Kritiken oder negativen Kommentaren seriös umzugehen und jegliche Beschwerde zu beachten, um nicht an Glaubwürdigkeit einbüßen zu müssen. Ist dies nicht der Fall, wenden sich Kunden in der Regel schnell ab und suchen nach neuen Anbietern. Daraus folgt nicht nur ein Verlust an Kunden, sondern auch die Schädigung des Images einer Destination. Ein weiteres Risiko stellt der Überfluss an touristischen Angeboten im Social Media Bereich dar. Hierbei ist es durchaus möglich, dass Nutzer bei der Vielzahl an Angeboten schnell den Überblick verlieren und letztendlich nur noch bei ein und demselben Anbieter buchen oder auf herkömmliche Mittel (z.B. Reisebüro) zurückgreifen. Vor allem müssen sich aber kleinere Anbieter gegenüber den großen Playern behaupten und ihr Image stetig auffrischen und erneuern. Auch für Touristen ist die Suche nach touristischen Informationen via Social Media nicht immer erfolgreich.

---

[48] Vgl. FRAUNHOFER IML, 2016, S. 25
[49] Vgl. HILLMANN, 2010, S. 73
[50] Vgl. SPRINGFELD, 2009, S. 68

Indem man viel über sich selbst preisgibt, wird man automatisch zu vorbereiteten Sehenswürdigkeiten oder Orten geführt – schöne Zufallsmomente an unbekannten Orten gehören so der Vergangenheit an.[51]

Insgesamt lässt sich erkennen, dass man in den Zeiten des Web 2.0 wesentlich offener für neue Technologien und dadurch auch beinflussbarer geworden ist. Zwar lassen sich einige Risiken nicht vermeiden, mit der richtigen Handhabung sind soziale Medien für Tourismusanbieter jedoch eine Chance und können Urlaubsdestinationen helfen, sich weiterzuentwickeln. Daher ist es wichtig, dass nicht nur wir als Internet-User, sondern auch Tourismusanbieter mit diesem Trend mitgehen.[52]

4.4 Best Practice Beispiel: Cape Town Tourism

Tourismusmarketing und Social Media werden mittlerweile häufig in Zusammenhang gebracht. Anhand des folgenden Best Practice Beispiels soll die Bedeutung von sozialen Netzwerken im Social Media Bereich für touristische Destinationen nochmals verdeutlicht werden:

Abb. 3: I love Cape Town Facebook-Seite. Quelle: Tag Archives: Social Networks, URL: www.logoutnow.org/tag/social-networks/ (Stand 23.09.2017)

Die in der Abbildung 3 dargestellte Kampagne von „Cape Town Tourism" ermöglichte ihren Facebook Fans einen Trip durch Kapstadt, ohne den realen Raum betreten zu müssen. Indem die Teilnehmer ihr eigenes Profil an Cape Town Tourism sendeten, nahm der Anbieter das Profil mit durch Kapstadt. Im Namen der Nutzer wurden Videos und Urlaubsbilder aus der Hafenstadt gepostet. Ziel war es, potentiellen Kunden an unbekannte Ecken der Stadt

---

[51] Vgl. SCHEFFER, 2015, S. 63
[52] Vgl. HILLMANN, 2010, 75f.

heranzuführen und dadurch das Interesse an der Stadt weiter zu stärken und das Image von Kapstadt zu verbessern.

Am Ende der Kampagne wurde ein Gewinner erwählt, für den diese virtuelle Reise Realität wurde. Durch dieses erfolgreiche und kreative Konzept konnten die Social Media Inhalte der Teilnehmer sogar mit Freundes-Freunden geteilt werden, wodurch die Kampagne eine breite Masse an Internetnutzern ansprach. Insgesamt nahmen rund 350.000 Internetnutzer an der Kampagne teil und sogar der bekannte Tafelberg wurde von der höchsten Zahl an Touristen seit 83 Jahren besucht.[53] „Über 41.000 Page Impressions wurden monatlich im Schnitt gemessen und die Anzahl der Touristen in Kappstadt erhöhte sich in der Folge um 4%".[54] Somit dienen Beiträge in sozialen Netzwerken wie Facebook und Twitter sowie private Empfehlungen durch Social Media als Auskunft und Inspiration zu möglichen Ausflugs- und Urlaubszielen und können den Bekanntheitsgrad und das Image einer touristischen Destination um ein Vielfaches steigern.[55]

5. Ausblick: Tourismus 3.0

Eine große Mehrheit touristischer Anbieter tastet sich im Web 2.0 noch behutsam voran, da man dem Internet aufgrund der großen Angebotsvielfalt (Kontrollverlust) und der unbekannten Masse an Nutzern weltweit noch skeptisch gegenüber steht. Die Tatsache, dass sich Social Media jedoch immer weiter verbreiten und zu einem festen Bestandteil unseres Alltags geworden sind, wird immer offensichtlicher und ist mittlerweile unumgänglich. Die Kommentare, Likes und Bewertungen der User spielen in der heutigen Zeit eine große Rolle und eine breite Masse an Internetnutzern ist inzwischen in soziale Netzwerke und Online Communities integriert. Daher möchten auch Unternehmen und touristische Akteure allgemein an dem Trend teilnehmen, um ihre Produkte und Angebote zu präsentieren und dabei zu sein, wenn über sie geredet wird.[56]

Während sich die einen noch mit dem Web 2.0 auseinandersetzen, reden Internetexperten bereits vom Web 3.0, dem sogenannten „semantischen Web". Aufgrund der gewaltigen Datenmenge des Internets, die stetig wächst, wird es bald problematisch, die passenden Informationen in Suchmaschinen o. Ä. zu finden. Um möglichst effizient an eine überschaubare Auswahl an Daten zu gelangen, müssen Suchmaschinen die Bedeutung einer Information im

---

[53] Vgl. TOBESOCIAL, 2014 & TRIERER MEDIENBLOG, 2017
[54] TOBESOCIAL, 2014
[55] Vgl. ebd.
[56] Vgl. STRAUB, 2010, S. 86

Internet erkennen und auswerten können. Daher ist es erforderlich, Daten bereitzustellen, die von diesen Maschinen weiterverarbeitet und interpretiert werden können. Diese Aufgabe wird vom Web 3.0 übernommen.[57]

Auch im Tourismus wird das Web 3.0 in Zukunft eine Rolle spielen. Der „Tourismus 3.0" wird beispielsweise Angebote von Gastronomen, Unterkünften, Event-Anbietern und vielem mehr im Web in einer „strukturierten, maschineninterpretierbaren Form"[58] darstellen und diese wiederum auf diversen Portalen auf eine intelligente Art und Weise integrieren können. Dies erleichtert die Ansprache von Zielgruppen und steigert die Frequenz der Website-Aufrufe.

Besonders in der Tourismusbranche ist es relevant, dass potentielle Kunden schnell und einfach Angebote finden, die auf ihre Wünsche und Anforderungen zugeschnitten sind. Aus diesem Grund rüsten viele Tourismusportale ihr Angebotsspektrum Web 3.0-tauglich auf, um diese auch für andere Portale besser bereitstellen zu können.

Ein Beispiel wäre hierbei die Google Suchmethode „Google Goggles". Dies ist eine innovative fotobasierte Suchfunktion, mit deren Hilfe sich Nutzer in Echtzeit Informationen zu Gebäuden, Kunstwerken, Büchern, etc. anzeigen lassen können. Man muss lediglich das Zielobjekt fotografieren und die Suchfunktion analysiert das Bild und identifiziert es. Im Anschluss werden dem Nutzer die gewünschten Daten und Informationen auf dem Mobilgerät angezeigt. Dies hat den Vorteil, dass Touristen nun in Zukunft keine Reiseführer mehr mit sich tragen müssen und sich statt einer langen Vorbereitung problemlos direkt vor Ort informieren können - man benötigt lediglich ein Smartphone o. Ä. Eine weitere Funktion namens „What's Nearby" soll zusätzlich die Echtzeit-Suche nach Sehenswürdigkeiten, Restaurants oder Geschäften in der Nähe erleichtern. Nebenbei werden außerdem Social Media-Quellen wie Twitter oder Facebook angezeigt, um das Ganze mit Freunden zu teilen. Dies alles verdeutlicht, dass Internetriesen wie Google sich mittlerweile verstärkt mit Web 3.0-Anwendungen anbieten und damit die Suche nach Informationen für Touristen erleichtern. Dementsprechend kommen Web 3.0 Dienste auch für den Online-Tourismus bereits zum Einsatz.[59]

---

[57] Vgl. STRAUB, 2010, S. 87
[58] Ebd., S. 89
[59] Vgl. ebd., 2010, S. 89-94

16

6. Fazit

Das Web 2.0 spielt in der heutigen Zeit eine wichtige Rolle und gewinnt auch im Bereich Tourismus zusehends an Bedeutung. Wie die anfangs beschriebene Evolution des Tourismus 2.0 aufzeigt, entwickelte sich das Web zu einem Austauschmedium für Jung und Alt. Mittlerweile können Tourismusanbieter nicht nur selbst Informationen offline und online zur Verfügung stellen, sondern auch Touristen und Reisende selbst ist es möglich, sich proaktiv im Internet auszutauschen, ihre Meinungen offenkundig darzustellen und Empfehlungen auszusprechen. Besonders durch soziale Netzwerke und Online Reise-Communities werden potentielle Gäste emotional angesprochen und können ihre Reiseerlebnisse nachbereiten und sich zudem Inspiration für das nächste Urlaubsziel holen.

Dementsprechend bietet die Teilnahme an sozialen Medien allgemein und am Geschehen in Netzwerken und Online Communities im Besonderen für jede touristische Destination und jeden Tourismusanbieter eine große Chance. Die Ansprüche des neuen Touristen sind höher angesiedelt als je zu vor. Gleichzeitig ist die Glaubwürdigkeit und Authentizität touristischer Angebote, wie es einst in Reisebüros der Fall war, ebenso für den heutigen Reisenden enorm wichtig. Dies zeigt: egal ob durch Blogs, Video-oder Fotoplattformen, soziale Netzwerke, Podcasts oder Bewertungsportale – wer in Zeiten des Tourismus 2.0 nicht virtuell mitspielt, bleibt stehen. Zwar sind diese Neuerungen nach wie vor mit Risiken behaftet und sollten zunächst gut durchdacht werden, jedoch steht fest, dass Regionen und Städte, aber auch Touristen selber die Möglichkeiten des Internets zu Marketingzwecken und zur Informationsbeschaffung nutzen sollten, was auch das Beispiel Cape Town Tourism anhand des Social Networks Facebook zeigt.

In Zukunft wird außerdem das Web 3.0 zunehmend in das touristische Angebot mit eingebaut und bietet Touristen eine neue semantische Ebene. Zusammenfassend ist es bedeutend, dass sich Tourismusanbieter zwar nach wie vor realitätsgetreu präsentieren, da die Authentizität über Google Street View o. Ä. leicht überprüfbar ist, jedoch kann man durch einen bewusst gestalteten Social Media Auftritt Verbesserungsvorschläge einholen und umsetzen und gleichzeitig eine breite Masse an Kunden ansprechen.[60]

---

[60] Vgl. SPRINGFELD, 2009, S. 95f.

Quellenverzeichnis

Buchquellen

ADJOURI, N. & BÜTTNER, T. (2008): Marken auf Reisen – Erfolgsstrategien für Marken im Tourismus. Wiesbaden: Gabler.

BAUHUBER, F. & HOPFINGER, H. (2016): Mit Auto, Brille, Fon und Drohne. Aspekte des neuen Reisens im 21. Jahrhundert. Studien zu Freizeit- und Tourismusforschung 11. Mannheim: MetaGIS-System.

BEHRENS, J. (2012): Social Media im Destinationsmarketing. Planung-Umsetzung-Monitoring. Sternenfels: Verlag Wissenschaft & Praxis.

BRÖZEL, C. & WAGNER, A. (2010): Tourismus und Internet. Reisen und Reisevorbereitung in der neuen Informationswelt. Heilbronner Reihe Tourismuswirtschaft, Prof. Dr. Borchert R. (Hrsg.). Berlin: uni-edition GmbH.

BUHALIS, D. (2006): Tourism management dynamics. Trends, management and tools. 1. Aufl. Amsterdam: Elsevier Butterworth-Heinemann.

FREYER, W. (2015): Tourismus. Einführung in die Fremdenverkehrsökonomie. 11. Auflage. Oldenbourg: De Gruyter Verlag.

HEDECKE, T. (2010): Analyse des Einflusses des Webs 2.0 auf das touristische Kauf- und Buchungsverhalten, dargestellt am Beispiel der Social-Media-Community Facebook. Eberswalde: HNE Eberswalde.

HERING, M. (2010): Regionenmarketing. Heft 26. Erfurter Hefte zum angewandten Marketing. Erfurt: Fachhochschule Erfurt.

HILLMANN, N. (2010): Tourismus 2.0. Der Einfluss von Web 2.0 auf die Reiseentscheidung. Berlin: HNE Eberswalde.

JOOSS, M. et al. (2011): Handbuch neue Medien im Tourismus. Wien; Berlin: LIT Verlag.

OZTURK, A. et a. (2017): Social Media and destination marketing. Erschienen in: Sigala, M.: Advances in Social Media for Travel, Tourism and Hospitality. London; New York: Routledge. S. 89ff.

PEER, R. (2008): Aktualität in Online Tourismus Communities: Ein Vergleich der Aktualität dreier Reiseinformationssysteme. Saarbrücken: VDM Verlag.

SCHEFFER, J. (2015): Der virtuelle Druck. Wie das Internet Tourismusregionen transformiert Erschienen in: Struck, E. (2015): Tourismus- Herausforderungen für die Region. Passau: Passauer Kontaktstudium Geographie. S. 59ff.

SCHLITZKUS, M. (2010): Web-Monitoring im Tourismus. Einsatzmöglichkeiten der Beobachtung und und Analyse von Social Media. München: AVM Verlag.

SCHMIDT, K. (2012): Social Media Marketing im Tourismus. Eine Betrachtung am Beispiel von Facebook. Hamburg: Diplomica-Verlag.

SIGALA, M. (Hrsg.) & GRETZEL, U. (2017): Advances in Social Media for Travel, Tourism and Hospitality. New Perspectives, Practice and Cases. London; New York: Routledge.

SPRINGFELD, C. (2009): Tourismus 2.0: Chancen und Herausforderungen des Online Tourismus im Web 2.0, Hamburg: Diplomica-Verlag.

STENGEL, N. (2010): Online-Offline. Reiseberatung 2.0 – Vom Reisebüro zum Web 2.0. In: Tourismus im Spannungsfeld von Polaritäten. EGGER, R. & HERDIN, T. (Hrsg.). Wien & Berlin: LIT Verlag.

STRAUB, E: (2010): Tourismus im Web. 2.0 – „Reisende bestimmen wo's hin geht!". Saarbrücken: VDM Verlag.

WAGNER, A. (2010): Der Einfluss des Web 2.0 auf die Reiseentscheidung. Informationssuche im neuen Netz. Erschienen in: BRÖZEL & WAGNER, Tourismus und Internet. Berlin: uni-edition GmbH.

Internetquellen

BUHALIS, D. (1998): Strategic use of information technologies in the tourism industry. In: Tourism Management. Vol. 19.
URL: http://www.sciencedirect.com/science/article/pii/S0261517798000387
(Stand: 13.09.2017)

FRAUNHOFER IML (2016): Digitalisierung im Tourismus in Bayern. URL:
https://www.stmwi.bayern.de/fileadmin/user_upload/stmwi/Themen/Tourismus/Dokumente_und_Cover/2016-12-09_Handlungsleitfaden_fuer_Tourismusdestinationen.pdf
(Stand: 22.09.2017)

FUR REISEANALYSE (2016): Urlaubsorganisation/-buchung: Das Internet bringt den Wandel.
URL: http://www.fur.de/fileadmin/user_upload/RA_2016/RA2016_Erste_Ergebnisse_DE.pdf
S. 5, http://www.fur.de/ra/startseite/ (Stand: 10.09.2017)

GEO-REISECOMMUNITY (2017): URL: http://www.geo.de/reisen/community/ (Stand: 23.09.2017)

KRATEL, C. (2012): Reisefreunde finden: Reisecommunities. URL:
https://marketingmag.de/socialmedia/reisefreunde_finden-a-1634.html (Stand: 15.09.2017)

PRESTIPINO, M. & SCHWABE, G. (2005): Tourismus-Communities als Informationssysteme. 7. Internationale Tagung Wirtschaftsinformatik.
URL: http://arvo.ifi.unizh.ch/im/publications/WI05-Beitrag200.pdf (Stand: 10.09.2017)

REBMANN, J. (2008): Web 2.0 im Tourismus Soziale Webanwendungen im Bereich der Destinationen. Barth, Robert et. al. (Hrsg.). Churer Schriften zur Informationswissenschaft. Arbeitsbereich Informationswissenschaft Schrift Nr. 25.
URL: http://www.htwchur.ch/uploads/media/CSI_25_Rebmann.pdf (Stand: 10.09.2017)

TOBESOCIAL (2014): Tourismusmarketing 2.0 – Wie wichtig ist Social Media Marketing für den Tourismus? (Studie) URL: http://tobesocial.de/blog/tourismusmarketing-warum-social-media-marketing-tourismus-branche-studie (Stand: 24.09.2017)

TRIERER MEDIENBLOG (2017): Reisen per Mausklick.
URL: http://weblog.medienwissenschaft.de/archives/tag/tourismus (Stand 23.09.2017)

VIR (Verband Internet Reisevertrieb) o.V. (2017): Nutzung des mobilen Internet bei Reisen.
URL: https://v-i-r.de/chart/nutzung-des-mobilen-internet-bei-reisen/ (Stand: 22.09.2017)

YAHOO (2017):Mein Urlaub, dein Urlaub – Social Media ist auf Reise-Webseiten gefragt.
URL: http://www.presseportal.de/pm/42807/1430887 (Stand: 10.09.2017)

BEI GRIN MACHT SICH IHR WISSEN BEZAHLT

- Wir veröffentlichen Ihre Hausarbeit,
  Bachelor- und Masterarbeit

- Ihr eigenes eBook und Buch -
  weltweit in allen wichtigen Shops

- Verdienen Sie an jedem Verkauf

Jetzt bei www.GRIN.com hochladen und kostenlos publizieren